Erityisesti ryhmäni ihanaa, uskomatonta, upeat ja rakastava vaimo Carol! Teitä tuesta ja luottamuksesta, jotka minun ja teidän läsnäolonne minulle koska olimme lapsista on arvokkaampaa kuin voin antaa.

Sanat ja kuvat Michael

Richard Craig.

1

2

5

6

9

3

4

7

8

10

Yhden

1

typerä

Face

Kaksi

2

tyhmää

kasvot

Kolme

3

typerä

kasvot

Neljä

4

tyhmää

kasvot

Viisi

5

typerä

kasvot

Kuusi

6

typerä

kasvot

Seitsemän

7

typerä

kasvot

Kahdeksan

8

tyhmää

kasvot

Yhdeksän

9

typerä

kasvot

Kymmentä

10

typerä

kasvot

1

2

3

4

5

6

7

8

9

10

Loppujen lopuksi. Hyvää työtä!

Nämä kasvot ovat kokoelmasta

"monet kasvot Michael Richard Craig"

tämä on ensimmäinen kymmenen

äänenvoimakkuus inventoinnin aikana

typerä kasvoja sadan.

Nobodiesinc@yahoo.com

TeeGeeBeeTeeGee